染织服装艺术设计
TEXTILE & FASHION DESIGN——回顾与展望

清华大学美术学院染织服装艺术设计系建系 60 周年师生作品展——回顾与展望
60TH ANNIVERSARY FACULTY & ALUMNI EXHIBITION, DEPARTMENT OF TEXTILE & FASHION DESIGN, ACADEMY OF ARTS & DESIGN, TSINGHUA UNIVERSITY—REVIEW AND PROSPECT

2016 年第十六届全国纺织品设计大赛暨国际理论研讨会
16TH CHINA TEXTILE DESIGN COMPETITION & INTERNATIONAL CONFERENCE 2016

师生作品集
WORKS COLLECTION OF FACULTY & ALUMNI

肖文陵　张宝华　吴波　主编
清华大学美术学院
2016 年第十六届全国纺织品设计大赛暨国际理论研讨会组委会　编

中国建筑工业出版社

图书在版编目（CIP）数据

染织服装艺术设计　清华大学美术学院染织服装艺术设计系建系60周年师生作品展——回顾与展望　2016年第十六届全国纺织品设计大赛暨国际理论研讨会　师生作品集/肖文陵，张宝华，吴波主编；清华大学美术学院，2016年第十六届全国纺织品设计大赛暨国际理论研讨会组委会编. —北京：中国建筑工业出版社，2016.4
　　ISBN 978-7-112-19209-0

　　Ⅰ.①染…　Ⅱ.①肖…②张…③吴…④清…⑤2…　Ⅲ.①纺织品-设计-作品集-中国-现代　Ⅳ.①TS105.1

　　中国版本图书馆CIP数据核字（2016）第042016号

责任编辑：李东禧　吴　绫
责任校对：陈晶晶　关　健

染织服装艺术设计

清华大学美术学院染织服装艺术设计系建系60周年师生作品展——回顾与展望
2016年第十六届全国纺织品设计大赛暨国际理论研讨会
师生作品集
肖文陵　张宝华　吴波　主编
清华大学美术学院
2016年第十六届全国纺织品设计大赛暨国际理论研讨会组委会　编
＊
中国建筑工业出版社出版、发行（北京西郊百万庄）
各地新华书店、建筑书店经销
北京嘉泰利德公司制版
北京缤索印刷有限公司印刷
＊
开本：880×1230毫米　1/16　印张：6$\frac{1}{2}$　字数：160千字
2016年4月第一版　2016年4月第一次印刷
定价：62.00元
ISBN 978-7-112-19209-0
　　　　　　（28471）

卷首语

清华大学美术学院（前身中央工艺美术学院）自 1956 年创建发展至今，已经走过 60 年的辉煌历程，染织服装艺术设计系作为学院创建最早的系，也将在今年与学院一起共度 60 华诞。

值此染织服装艺术设计系建系 60 周年纪念日之际，由清华大学美术学院、清华大学艺术与科学研究中心、清华大学美术学院染织服装艺术设计系共同主办"染织服装艺术设计系建系 60 周年文献展"、"清华大学美术学院染织服装艺术设计系建系 60 周年师生作品展——回顾与展望"以及"第十六届全国纺织品设计大赛暨国际理论研讨会"等学术活动来纪念学院和系的 60 华诞。

"清华大学美术学院染织服装艺术设计系建系 60 周年师生作品展——回顾与展望"，是对 60 年来教学成果的回顾，也体现了对未来设计教育发展的深刻思考与展望。染服系师生作品反映了设计在衣、食、住、行中对提升人们的生活品质、愉悦精神世界所起到的重要作用。在不同的时代染织服装艺术设计系始终将传统文化与当代设计文化相结合，推动纺织服装艺术设计创新人才的培养，影响着全国的纺织服装艺术设计教育发展。"2016 年第十六届全国纺织品设计大赛暨国际理论研讨会"通过大赛平台，集中反映目前我国纺织服装艺术设计教育的现状及教学成果。邀请来自不同国家纺织服装教育领域的专家、学者参与国际理论研讨会进行学术交流，国内 20 余所高等院校师生的 80 余篇论文汇编成册，旨在促进新形势下纺织服装艺术设计院校间的交流与合作，推动纺织服装艺术设计教育的发展。

面对世界格局的改变、信息技术的快速发展、物联网经济的到来，以及中国纺织服装产业转型升级势在必行的客观现实环境，未来社会和产业的发展对于人才的需求正发生着重大改变，我们要有前瞻意识，必须清醒地认识到自己所面临的挑战和肩负的重任。同时，我们也预祝染织服装艺术设计系在未来发展过程中再创辉煌。

清华大学美术学院院长

2016 年 3 月

目录
CONTENTS

姓名：常沙娜
国籍：中国

简历：常沙娜，浙江杭州人。1931年3月出生于法国里昂，是我国著名的艺术设计教育家和艺术设计家、教授、国家有突出贡献的专家。曾任中国美术家协会副主席，全国人大常委会委员，先后出版了《常沙娜花卉集》、《中国敦煌历代装饰图》、《常沙娜文集》、《黄沙与蓝天》等著作。1945~1948年，常沙娜随其父常书鸿在敦煌学习敦煌历代壁画艺术。1948年春天，于兰州双城门举办"常书鸿父女画展"，1948年常沙娜赴美国波士顿美术博物馆美术学院学习。1950年因新中国成立，为助国家发展而决定回国。1952~1958年，先后参与苏联展览馆（今北京展览馆）、首都剧场，以及为迎接新中国成立十周年而筹建的"十大建筑"的各项建筑工程和装饰设计任务，为民族文化宫大门、人民大会堂宴会厅的顶棚做设计。1983~1997年常沙娜任中央工艺美术学院院长，在此期间主持并参加中华人民共和国人民政府为庆祝香港回归赠给香港特区政府的纪念物"永远盛开的紫荆花"雕塑。常书鸿一生为敦煌艺术默默奉献了半个世纪的年华，被后人赞为"敦煌守护神"。作为常书鸿女儿的常沙娜，经过岁月的流逝，一直以她自己的一生践行着父亲的艺术生命，透过工艺美术设计与教育的方式，将敦煌艺术之美带给世界，因其对祖国与社会付出的至爱、塑造的至美，被世人尊称为"敦煌的女儿"。

作品名称：景泰蓝灯座、盒子、盘等配套产品（林徽因先生指导下设计） 创作时间：1951年

作品名称：人民大会堂外立面柱廊上方琉璃瓦门楣与宴会厅顶棚顶灯设计 创作时间：1958年

作品名称：民族文化宫的大门装饰　创作时间：1958 年

作品名称：人民大会堂接待厅两侧半圆休息厅顶棚沥粉彩绘装饰设计　创作时间：2006 年

姓名：温练昌
国籍：中国

简历：温练昌，1953年中央美术学院华东分院（现中国美术学院）研究生毕业。1953~1956年在中央美术学院任教。从1956年建院起任教于中央工艺美术学院，历任讲师、副教授、教授；1980~1991年任染织系（染织服装系）主任。从事美术高等教育五十多年，为国家培养了大批顶级工艺美术人才及行业骨干。多年担任院学术委员会委员、院学位委员会委员、学科评议委员会委员；任北京高校教师职称评审委员、轻工部工艺美术学科评议组委员。先后参与了人民大会堂等建筑装饰、室内装饰、北京展览馆、首都剧场、民族文化宫、中国国家博物馆、北京饭店、钓鱼台国宾馆等建筑装饰设计；参加北京饭店、毛主席纪念堂墙纸设计及印压工艺等研究。在丝毯设计、丝印面料、手工印花、印花头巾设计和真丝人丝金银线织锦缎、金玉缎等方面建树丰厚，对我国染织行业作出了突出贡献。多年担任中国流行色学会、中国地毯学会、国际纤维艺术学会等多项行业学会委员、会长、副会长等职务。专著有《花的变化》、《染织图案基础》、《花卉黑白画》、《图案写生变化》等；主编了《中国织绣服饰全集·织染卷》、《染织图案基础》等重要论著；获国务院特殊贡献奖、全国科学大会奖、中国工艺美术学会终身成就奖；曾任第七届、第八届北京市政协委员。

作品名称：丝印、金蕾锦

作品名称：丝毯　材料：真丝　尺寸：160cm×200cm　工艺：手工编织

作品名称： 中国国家博物馆（原中国革命历史博物馆）门厅铜饰设计　**材料：** 铜　**工艺：** 浮雕

作品名称： 北京展览馆电影厅顶棚设计（温练昌、常沙娜）

姓名：崔栋良
国籍：中国

简历：1935 年生于文安，1960 年毕业于中央工艺美术学院，师承张仃、庞薰琴、雷圭元、柴扉、周令钊、田世光、程尚仁教授。历任中央工艺美术学院染织美术系副主任、教务处长、教师工作委员会副主任、基础部主任，享受国家文化艺术特殊津贴。其作品先后到奥地利、德国、日本、美国、加拿大、厄瓜多尔、新加坡等国展出，获奖并且被收藏。编著与发表了很多工艺美术教材与论著，如《花的装饰技法》、《风景装饰色彩》、《动物的写生与变形》、《现代装饰色彩》、《壁挂艺术》、《黑白画法》、《归纳画法》、《写实画法》、《雷圭元文集》等专业性书籍。

作品名称：《花卉》　**材料：**水彩　**创作时间：**2013 年

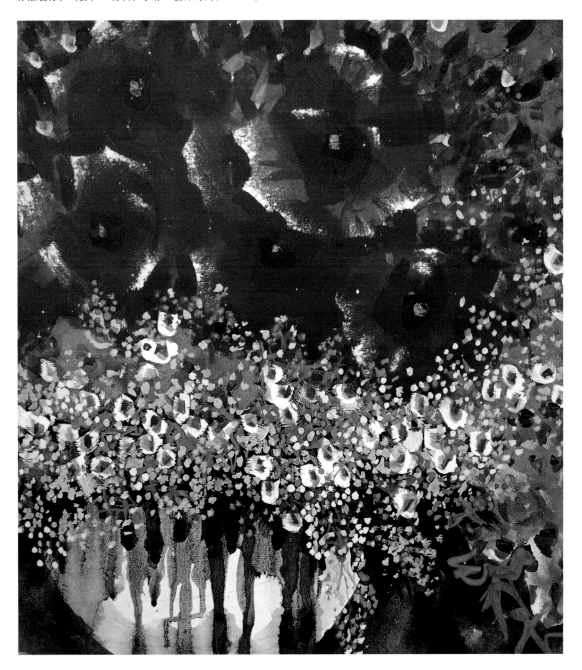

作品名称：《菖蒲》
材料：水彩
创作时间：2001 年

作品名称：《瓜叶菊》
材料：水彩
创作时间：1979 年

姓名：李永平
国籍：中国

简历：清华大学美术学院（原中央工艺美术学院）染织服装设计系教授，中国美术家协会会员。曾从事图案基础、染织美术设计、抽纱刺绣设计、装饰壁挂设计、装饰工艺服装设计等多学科的教学和设计工作，还长期进行剪绘艺术、水粉墨画、国画等绘画艺术创作。

作品名称：《汉风》　**材料**：宣纸　**尺寸**：W80cm×H40cm　**工艺**：剪绘艺术　**创作时间**：1980 年

作品名称：《树》　**材料**：彩纱　**尺寸**：W230cm×H130cm　**工艺**：透叠衔缝　**创作时间**：2001 年

作品名称：《凤》 材料：丝、毛 尺寸：W110cm×H100cm
工艺：编织 创作时间：1984 年

作品名称：《凤天地间——象形纹饰》 材料：丝、毛
尺寸：W180cm×H160cm 工艺：编织 创作时间：1986 年

作品名称：《飞天》（一） 材料：宣纸 尺寸：W40cm×H40cm
工艺：剪绘 创作时间：1978 年

作品名称：《飞天》（二） 材料：宣纸 尺寸：W40cm×H40cm
工艺：剪绘 创作时间：1978 年

作品名称：《跑鹿》 材料：宣纸 尺寸：W40cm×H40cm
工艺：剪绘 创作时间：1978 年

作品名称：《鸡》 材料：宣纸 尺寸：W40cm×H40cm
工艺：剪绘 创作时间：1974 年

姓名：黄能馥
国籍：中国

简历：原名黄能福，汉族，浙江省义乌市人，1927年出生。1950年考入杭州国立艺专，1953年因院系调整转入中央美术学院工艺美术系，当年本科毕业留校当研究生，并任工艺美术研究室秘书、全国第一届民间美术展览会会场管理组副组长、少数民族馆馆长。1955年，研究生毕业留校任助教。1956年，中央工艺美术学院成立，调入中央工艺美术学院任助教、讲师、副教授、教授。1961年，兼任文化部高等艺术院校统一教材编选组员兼秘书。1982年起历任中国流行色协会学术顾问、专家委员会委员。1983年，任国家科委、科技馆赴加拿大"中国古代传统科技展览会"纺织科技顾问。1987年，任中国丝绸博物馆筹建处顾问。1988年，在中央工艺美术学院退休，同年任中国书画函授大学副校长兼实用美术部主任。1989年11月，受文化部聘请为全国艺术学科第四批硕士学位授权单位资格评审委员及硕士研究生导师。1992年，任纺织工业部服饰博物馆总顾问。1994年，任北京现代实用美术学院名誉院长。1961年，加入中国美术家协会。1981年，加入中国工艺美术协会，并任中国工艺美术馆顾问、中国云锦协会顾问。2008年10月，被中国美术家协会授予"卓有成就的美术史论家"奖。2009年5月，受聘为苏州大学兼职教授。2010年，任新版50集电视连续剧《红楼梦》的服装顾问。2009年4月，由中国民族文艺家协会推选为"共和国60年功勋文艺家"。

作品名称：《昆明小巷（一）》　尺寸：W45cm×H33cm　工艺：纸本彩墨写生　创作时间：1962年

作品名称：《昆明小巷（二）》
尺寸：W45cm×H33cm
工艺：纸本彩墨写生
创作时间：1962 年

作品名称：《昆明圆通寺古柏》
尺寸：W34cm×H45cm
工艺：纸本彩墨写生
创作时间：1962 年

姓名：白崇礼
国籍：中国

简历：别名劳白，1930 年生，广西桂林人，回族。中央工艺美术学院教授，中国美术家协会会员，中华全国美学学会会员，技术美学学会副会长，宋庆龄基金会服装学会会长，北京服装协会常务理事，主任评委。1954 年毕业于中央美术学院实用美术系后留校做在职研究生，师从著名花鸟画家田世光先生。1956 年公派留学捷克斯洛伐克布拉格工业造型艺术学院。在捷克斯洛伐克人民艺术家安 - 契巴尔（A.KYBAL）和海 - 芙尔科娃（H.VLKOVA）教授的指导下研修染织美术及服装设计与工艺。1961 年毕业回国后在中央工艺美术学院执教，除亲自讲授染织品设计艺术等课程外，并负责创办服装设计系。主持设计我国参加第七届亚运会运动员服装、幼儿健美操服装、中国武术代表团访美表演服装、主持设计的中国海关制服曾受到嘉奖。出版的著作有《衣着美随笔》、《服装设计艺术》等。

作品名称：主持设计"中国海关制服" **创作时间：**1984 年

作品名称：国画《梅花一》 材料：宣纸

作品名称：国画《梅花二》 材料：宣纸

作品名称：国画《花卉一》 材料：宣纸

作品名称：国画《花卉二》 材料：宣纸

姓名： 袁杰英
国籍： 中国

简历： 1960年毕业于中央工艺美术学院，并留校读研究生，后任教至2000年，教授，全国高校服装专业组建人之一，享受国务院特殊津贴。出版专著，发表论文；参与专业鉴定、研讨、国内外评审；个人作品专场发布；设计、绘画作品国内外参展。曾任服装系主任、中国服装设计师协会副主席，现任中国服装设计师协会专家委员及多家机构专业顾问。

作品名称： 绸塑　**材料：** 丝绸　**创作时间：** 2014年

作品名称：《行中吟》　材料：土布　创作时间：2014 年

姓名：祝韵琴
国籍：中国

简历：满族，北京人，清华大学美术学院教授，中国美术家协会会员，中国工艺美术学会高级会员，中国女美术家协会、北京水彩画协会、服装协会会员。1961年毕业于中央工艺美术学院，并留校任教40余年，教授过染织美术设计、针织服装设计、服饰图案设计等课程，并进行民间蜡染、扎染、朦胧染色及手绘工艺制作的研究与教学。教授过本院装潢系课程，北京电影学院78级动画专业课程，1979年与郑可教授在"全国雕塑师"培训班授课。参与了首都"十大建筑"民族文化宫、军事博物馆及全国大型团体操背景设计工作，创作了多幅装饰画，如风景漆画、艺术壁毯、陶瓷艺术挂盘、草编动物，均被国外收藏。民间蜡染、扎染、朦胧染色作品在全国高等艺术院校师生优秀作品展及中国工艺美术精品博览会创新设计作品展中获奖。绘画作品编入全国高等艺术院校素描集、全国高等美术学院速写集、毛泽东诗词创意画集、女美术家作品集，著作《图案设计基础》、《动物写生与装饰》、《花卉技法》、《花卉黑白画》、《风景写生》、《动物速写》等分别在上海、天津、山东等地出版，多篇文章在多种刊物中发表。退休后多次参加国内外画展，如"水彩画协会双年展"、"英国华人美术家作品展"、"1997年庆香港回归"、"1999年纪念香港、澳门回归"、"2000年共圆绿色梦"等画展，其作品在中国美术馆展出。1999年参加中国香港举办的"香港北京女美术家作品展"，2002年5月水彩画被选入全国美术作品展。2006年参加"女美术家十人作品展"、"女美术家十一人水彩画展"，2006年8月"女美术家联谊会双年展"，2008年迎奥运"女美术家绘画展"。2008年出版了《祝韵琴画集》。2015年10月清华美院离退休教师"重阳聚丹青"画展在奥加美术馆展出。

作品名称：水彩速写   材料：水彩

姓名：王翔
国籍：中国

简历：1940 年出生于辽宁。1961 年毕业于中央美术学院附中。1966 年毕业于中央工艺美术学院染服系。1973~1984 年在北京纺织科研所从事专题设计工作。1984~1985 年在中国作家出版社从事书籍装帧设计工作。1985~1987 年在中国电影出版社从事美术设计工作。1987~1999 年在中央工艺美术学院染服系任教，1996 年晋升为副教授。在校任教期间举办过个人扎染作品专题展览。出版作品集《王翔白描荷花》。

作品名称：《故乡的云》　尺寸：H46cm×W51cm　创作时间：2005 年

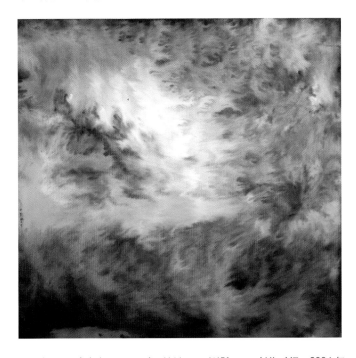

作品名称：《山泉之二》　尺寸：H46cm×W51cm　创作时间：2006 年

作品名称：《荷韵》
尺寸：H55cm×W55cm
创作时间：1992 年

作品名称：《寻觅》
尺寸：H67cm×W67cm
创作时间：2006 年

姓名：陈立
国籍：中国

简历：毕业于中央工艺美术学院并留校任教，长期从事染织艺术设计教学及实验教学研究，曾任硕士生导师、织绣实验室主任，北京服装纺织行业协会设计师分会会员，中国家纺协会高级家纺设计师，现任北京海璟丽鸿科贸有限公司首席设计师。

作品名称：《静物》　**材料：**毛　**尺寸：**W80cm×H120cm
工艺：编织（高比林）　**创作时间：**1996 年

作品名称：《白珊瑚》
材料：毛
尺寸：W60cm×H60cm
工艺：毛编织（高比林）
创作时间：1993年

作品名称：《花鸟》
材料：棉
尺寸：W60cm×H60cm
工艺：刺绣
创作时间：1993年

姓名：秦岱华
国籍：中国

简历： 1981—1982 年　美国杨杰家居装饰面料设计公司设计师
　　　 1984—1990 年　美国纽约黛安娜·房·富士顿堡工作室设计师
　　　 1990—1991 年　美国纽约安·克莱因服装公司高级设计师
　　　 1988—1995 年　美国梅西百货集团室内装饰面料部兼职设计师
　　　 1991—1995 年　美国纽约杰斯特因纺织设计公司高级设计师
　　　 1997 年至今　清华大学美术学院染织服装系副教授
　　　 2001 年 6 月起　中国流行色协会理事
　　　 2001 年　中国工艺美术学会纤维艺术专业委员会第三届常务委员
　　　 2003 年　南通工学院客座教授
　　　 2004 年　中国家纺协会注册设计师

作品名称：《百年好合》　材料：丝绸　尺寸：W35cm×H245cm　工艺：拼布、绗缝

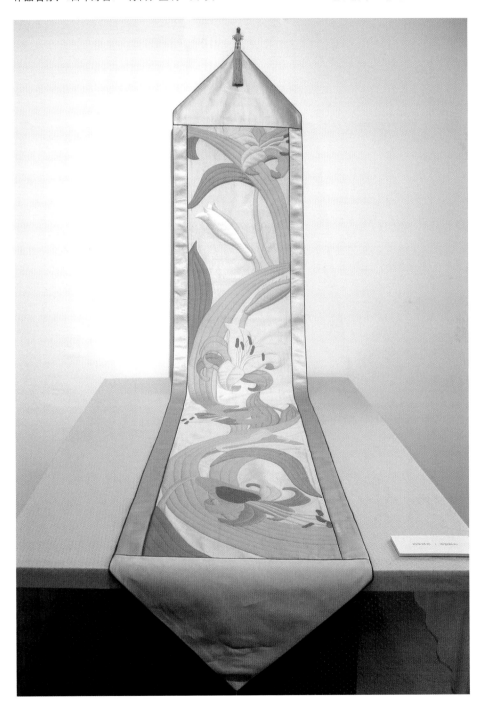

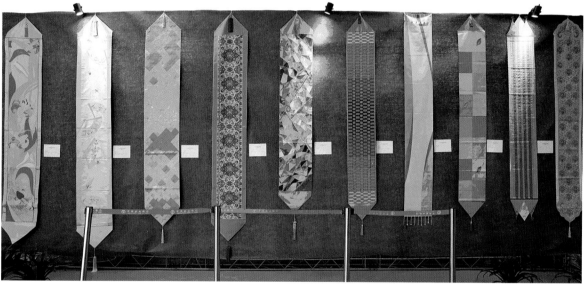

作品名称：如意靠垫、马蹄枕、桌旗　材料：丝绸、织锦缎　工艺：拼布、绗缝

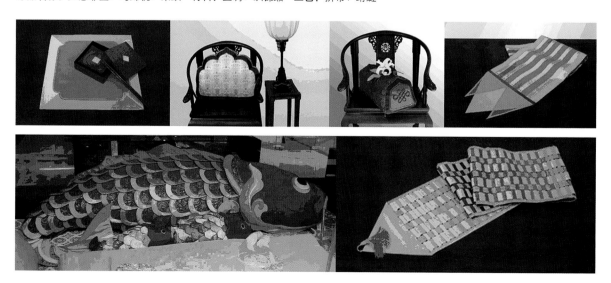

姓名：崔岩
国籍：中国

简历：北京服装学院在读博士生，研究方向为中国传统服饰文化与设计创新。

姓名：杨建军
国籍：中国

简历：清华大学美术学院染织服装艺术设计系副教授，主要从事传统装饰图案艺术和传统草木染工艺的教学与研究。

作品名称：《漪》　材料：丝绸　尺寸：W110cm×H90cm　工艺：绞缬、紫草染色　创作时间：2015 年

作品名称：《盛世华盖》
材料：丝绸
尺寸：W90cm×H90cm
工艺：丝网印
创作时间：2014 年 3 月

作品名称：《妙色璎珞》
材料：丝绸
尺寸：W90cm×H90cm
工艺：丝网印
创作时间：2015 年 6 月

姓名： 龚雪鸥
国籍： 中国

简历： 作品《古风》入选 "第七届亚洲纤维艺术展"；针织作品《彩虹糖的梦》入选 "2012 年国际植物染艺术设计大展"；针织提花作品《玄》入选 "2013 年国际纹织艺术设计大展"。论文多次获得论文优秀奖。

作品名称：《秋》　**材料：** 棉　**尺寸：** W80cm×H120cm
工艺： 针织、植物染　**创作时间：** 2015 年

作品名称：《秋》（细节照片）

姓名：贾京生
国籍：中国

简历：清华大学美术学院教授、博士生导师，北京服装学院民族服饰博物馆客座教授、专家委员，教育部高校文科计算机教指委委员。2015 年，作品《人与自然》参加"清华美院教师学术作品展"，2015 年，作品《嗔—犟—执》、《众—生—相》参加"2015 年国际印花艺术设计大展"，2015 年，作品《禅·静》，参加"中国国际纤维艺术展"。

作品名称：《人与自然》 材料：羊毛 尺寸：H1.5m×W1.4m 工艺：编织 创作时间：2006 年

作品名称：《思想者独行》
材料：棉布、蜡
尺寸：W60cm×H60cm
工艺：蜡染
创作时间：2009 年

作品名称：《禅·静》
材料：羊毛
尺寸：W85cm×H90cm
工艺：编织
创作时间：2005 年

姓名：贾玺增
国籍：中国

简历：清华大学美术学院染织服装艺术设计系教师，中国传统纺织与服饰史学者，搜狐时尚特邀评论专家，中国博物馆协会服装专业委员会理事，出版教育部"十一五"规划教材《中国服饰艺术史》、"十三五"规划教材《中外服装史》以及《中国最美服装》和《中国最美首饰》、《粉黛罗裳》等专著，曾在《紫禁城》、《敦煌研究》、《美术观察》《装饰》、《服装设计师》、《中国服装》等刊物上发表学术论文 40 余篇。

作品名称：《故国有明》 **材料：**丝绸 **创作时间：**2014 年

作品名称：《故国有明》 材料：丝绸 创作时间：2014 年

姓名：李当岐
国籍：中国

简历：教授、博士生导师，享受国务院特殊津贴；中国服装设计师协会主席；亚洲时尚联合会中国委员会主席；中国美术家协会服装设计艺术委员会主任；中国工艺美术学会副理事长；中国纺织工业联合会常务理事；中国流行色协会常务理事；北京市服装协会常务理事。1955 年生于河南省灵宝市，1982 年毕业于中央工艺美术学院。1985 年曾获首届"花朵杯"全国童装设计大赛特等奖、获第二届文化时装设计大赛优秀奖，1989 年被北京市经委、科委、商委和北京市服装协会授予"首都优秀服装设计师"称号；1992 年被评为"北京市高等学校（青年）学科带头人"；1994 年获霍英东教育基金会"青年教师奖"。2005 年，获北京市教育教学成果一等奖和教育部"国家级优秀教学成果奖"二等奖。2014 年，获北京市高等学校教学名师奖。曾任清华大学美术学院院长、党委书记，清华大学学位委员会副主席；清华大学学位委员会艺术学分委员会主席。主要讲授"服装学概论"、"西洋服装史"、"服装人体工程学"、"服装设计"等课程。主要著作有：《服装学概论》，高等教育出版社出版，2004 年获北京市优秀教材一等奖，2005 年获全国优秀教材二等奖；《西洋服装史》，高等教育出版社出版，获首届服装图书审评二等奖，2006 年被评为北京市精品教材；《17—20 世纪欧洲时装版画》，黑龙江美术出版社出版；《从灵感到贸易——时装设计与品牌运作》、《世界民俗衣装——探索人类着装方法的智慧》，中国纺织出版社出版；《中外服装史》、《西服文化》，湖北美术出版社出版。先后在《装饰》、《中国服装》、《时装》、《现代服装》、《中国服饰报》、《服装时报》等核心期刊和专业报刊上发表论文及评论文章 200 余篇。

作品名称：《六零风韵》系列一
创作时间：1990 年

作品名称：《落叶归根》系列二
创作时间：1989 年

作品名称：《彩虹》系列一
创作时间：1988 年

作品名称：《六零风韵》系列二　创作时间：1990 年　　作品名称：《生命》　材料：羊毛　尺寸：W100cm×H100cm

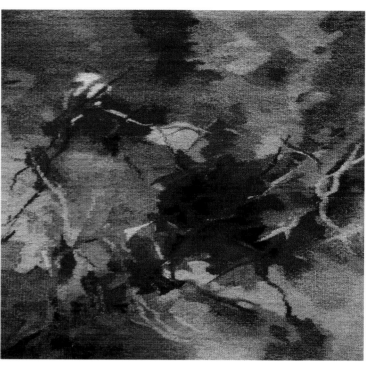

作品名称：油画作品《乌克兰的礼拜日》
创作时间：2014 年 12 月

姓名：李莉婷
国籍：中国

简历：现为清华大学美术学院染织服装艺术设计系教授；1982 年毕业于中央工艺美术学院染织美术设计系，获学士学位；
1996 年毕业于中央工艺美术学院服装艺术设计专业研究生班；2003 年毕业于香港理工大学纺织与制衣学系，获硕士学位。
2014 年获得中国科协授予的"全国优秀科技工作者"称号。

作品名称：《那些没有墓碑的爱情和生命（白桦林）》　材料：油画布　尺寸：W100cm×H120cm
工艺：喷绘　创作时间：2009 年

作品名称：《绿》 材料：棉、麻、丝 创作时间：2003 年

作品名称：《女儿的衣橱》 材料：纸本 工艺：喷绘 创作时间：2010 年

女儿的衣橱

李莉婷

姓名：李薇
国籍：中国

简历：获奖：2014 年　获第 20 届中国十佳时装设计师称号
　　　　2014 年　为亚太经合组织（APEC）会议领导人服装设计做出突出贡献——荣誉奖
　　　　2004 年　《夜与昼》获"第十届全国美术作品展"金奖
　　　　2009 年　《清·远·静》获"从洛桑到北京"第六届国际纤维艺术双年展金奖
　　　　2001 年　《夜与昼》获"第一届艺术与科学国际作品展"优秀奖
　　　　2001 年　《流波曲》获中国国际青年服装设计大赛"大连杯"银奖
　　　　1998 年　《大漠孤烟》获新西兰"羊毛杯"铜奖
　　个展：2014 年　"李薇艺术作品展"798 美术馆
　　　　2014 年　"李薇高级服装定制作品发布"，798"79 立方"
　　　　2014 年　"一脉相承——李薇师生作品发布"，宁波时装周
　　　　2013 年　"视·听李薇艺术作品展"，意大利米开朗琪罗·皮斯多莱托艺术中心
　　　　2011 年　"视·听李薇艺术作品展"，华南农业大学美术馆
　　　　2003 年　"中国京剧脸谱画展"，法国巴黎艺术城画廊
　　　　1995 年　"李薇中国水墨画展"，法国巴黎艺术城画廊

作品名称：《清·远·静》　尺寸：H800cm×W110cm（每幅）　创作时间：2008 年

作品名称：李薇高级定制女装发布会（2014）

姓名：李迎军
国籍：中国

简历：清华大学美术学院副教授、法国高级时装协会学校访问学者、中国服装设计师协会学术委员会会员、北京服装学院设计艺术学在读博士。致力于"民族文化与时尚流行"的研究，《绿林英雄》、《线路地图》、《精武门》等设计作品多次荣获国际、国内专业设计比赛金、银奖及国家奖。

作品名称：《叠叠不休》　材料：羊毛、丝绸、棉　尺寸：L60cm×W60cm×H180cm　工艺：手工褶　创作时间：2015 年

姓名：鲁闽
国籍：中国

简历：1986 年毕业留校，现为清华大学美术学院染织服装艺术设计系教授。主要从事服装设计基础、服装设计、中国服装史的教学及理论研究。代表性论著：《服装设计基础》，2001 年获北京高等教育精品教材一等奖；《灿烂的中国文明——中国古代服饰》，2005 年获联合国"世界最佳文化网络大奖"；《概念服装设计》，2013 年获北京高等教育精品教材一等奖。2011 年出版《时装人物速写》。《明清山西潞绸的兴盛及文化特征》、《山西潞绸枕顶白描图案的艺术形式及文化内涵》、《山西晋城刺绣表现形式及现代传承》、《金融危机背景下的服装产业——服装品牌新策略》等多篇论文获得优秀奖。主要设计：2008 年主持北京奥运会中国运动员入场仪式服装设计，2008 年奥运会颁奖礼仪服装设计，获三等奖，"人文奥运"中国概念时尚成衣设计大赛优秀奖，2012~2014 年为中央电视台春节晚会主持人设计服装，2014 年参与亚太经合组织（APEC）会议领导人服装设计工作，获得突出贡献奖。

作品名称：北京 2008 年奥运会中国运动员入场式服装　材料：混纺　创作时间：2008 年

作品名称：禅意居家服装　材料：丝麻　创作时间：2014 年

姓名：秦寄岗
国籍：中国

简历：清华大学美术学院染织服装系副教授，从事服装专业教学与设计应用研究工作三十余载。出版教材与专著多部，发表专业论文几十余篇，多次参加国内外展览并获奖。推崇和提倡一种崭新的生态文化观和价值观。

作品名称：《律动》系列之一　材料：丝绸　工艺：手绣　创作时间：1996 年

作品名称：《古韵》系列　材料：线绳、金属饰物与垫圈、木珠、贝壳　工艺：编织　创作时间：1999 年

作品名称：《钒红·宋瓷》系列
材料：纸
工艺：手工纸绘
创作时间：2012 年

姓名：田青
国籍：中国

简历：清华大学美术学院教授、博士生导师，中国纺织服装教育学会理事，中国家纺协会设计师分会副主席，中国流行色协会理事，中国科学技术协会决策咨询专家库专家，中国美术家协会会员。

作品名称：国务院会议室壁挂设计与地毯设计　　**材料**：羊毛　　**工艺**：编织

作品名称：德国大使馆装饰木雕"祥和"　材料：木　工艺：木雕（左）
作品名称：世博会作品《羌山依旧》　工艺：羌绣（右）

作品名称：项目负责人主持《世纪坛五十六个民族标志图案细化设计》　材料：石材　工艺：浮雕

作品名称：国务院紫光阁地毯设计　材料：羊毛　工艺：编织

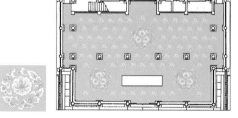

姓名：王晶晶
国籍：中国

简历：专业方向：染织艺术设计，研究方向：印染艺术设计。参展情况：作品多次参加国内外专业展览，包括"第十届亚洲纤维艺术展"、"国际印花艺术大展"、"持续之道——国际可持续设计作品展"、"世界生态纤维艺术展"、"第十二届全国美术作品展览"、"国际刺绣艺术大展"、"国际纹织艺术大展"、"第九届亚洲纤维艺术展"、"第三届亚洲纤维艺术家作品展"等。主持在研项目：2015 ～ 2016 年，国家艺术基金青年艺术创作人才资助项目。

作品名称：《情深》 材料：真丝 尺寸：250cm×120cm 工艺：蜡染、植物靛蓝染色、雕烫 创作时间：2014 年

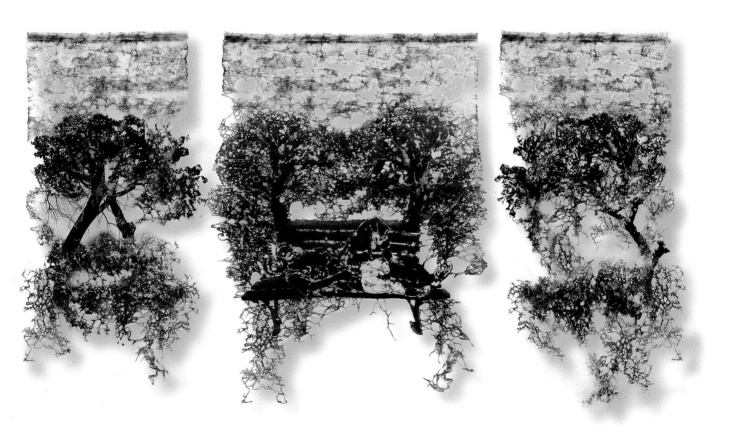

作品名称：《我来了》 材料：真丝 工艺：植物染、扎染、蜡染、丝网印花、数码印花 创作时间：2016 年

姓名：王悦
国籍：中国

简历：清华大学美术学院染织服装设计系副教授、清华大学美术学院哥本哈根皮草实验室主任、中国服装设计师协会艺术委员会委员，IFTF 国际毛皮协会青年委员会理事，英国伦敦时装学院、英国中央圣马丁艺术设计学院访问学者，WAMANDA DESIGN 皮草设计工作室设计总监。主讲服装设计、材料创意、服装管理与营销等课程，出版《服装设计基础》、《毛皮女装设计》、《时装画技法》等多部论著，发表相关论文数十篇。

作品名称：《夜精灵》 材料：麻、羊毛、生丝、皮革、裘皮 工艺：编织、刺绣 创作时间：2006-2008 年

姓名：吴波
国籍：中国

简历：清华大学美术学院染织服装艺术设计系副主任，副教授，硕士研究生导师。作品多次参加全国美展艺术设计展、联合国教科文组织"DESIGN 21"设计大展、艺术与科学国际作品展、亚洲纤维艺术展、国际纤维艺术双年展等中、外展览。在国内、国际赛事中获多项金、银奖。并荣获"国际最佳青年服装设计师"称号。

作品名称：《游戏之一》　材料：棉线　工艺：针织　创作时间：2009 年

作品名称：《游戏》 材料：棉线 工艺：针织 创作时间：2009 年

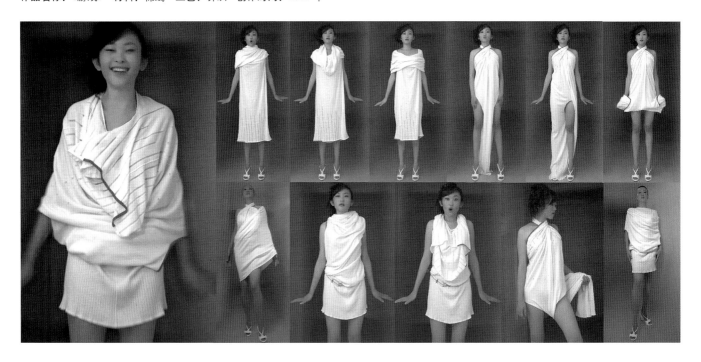

作品名称：《相由心生》 材料：羊毛毡、真丝绡
工艺：戳绣 创作时间：2015 年

作品名称：《颂》 材料：羊毛毡、真丝绡
工艺：戳绣 创作时间：2015 年

姓名：肖文陵
国籍：中国

简历：教授、硕士生导师，染织服装艺术设计系主任，中国美术家协会服装设计艺术委员会秘书长，中国服装设计师协会学术委员会主任委员，北京市服装纺织行业协会设计师分会副会长，深圳大学艺术设计学院客座教授，西安工程大学服装与艺术设计学院客座教授，国际商业美术设计师协会中国地区专家委员会委员（ICAD）。

作品名称：中国人民解放军空军飞行员飞行服装　**材料：**芳纶　**创作时间：**2015 年

作品名称：《最后一件衣服》　材料：硅胶　尺寸：W20cm×H120cm×L50cm　工艺：脱模　创作时间：2011 年

姓名：杨静
国籍：中国

简历：清华大学艺术与设计实验教学中心常务副主任,染织服装设计系副教授。研究方向为"材料与服装设计应用"及"生态服装",艺术设计实验教学平台建设与管理。担任教育部高等学校文科计算机基础教学指导分委员会委员,北京高校艺术教育研究会理事。高等教育出版社出版的个人专著《服装材料学》(高等教育"十一五"国家级规划教材)及湖北美术出版社出版的《服装材料学》、《计算机辅助设计》均荣获"清华大学优秀教材"评选二等奖。执行负责的"加强艺术与设计实验中心建设、创新艺术与设计实验教学模式"项目荣获 2014 年清华大学教学成果一等奖,立项并指导的"衣生态探索与实践"项目荣获清华大学 2015 年 SRT 计划优秀项目二等奖,本人获 2015 年大学生研究训练(SRT)计划优秀指导教师二等奖。

作品名称：《简材　无剪裁》　**材料：**麻、粘纤面料、燕尾夹、薄纱　**尺寸：**160cm×45cm×25cm　**创作时间：**2015 年 4 月

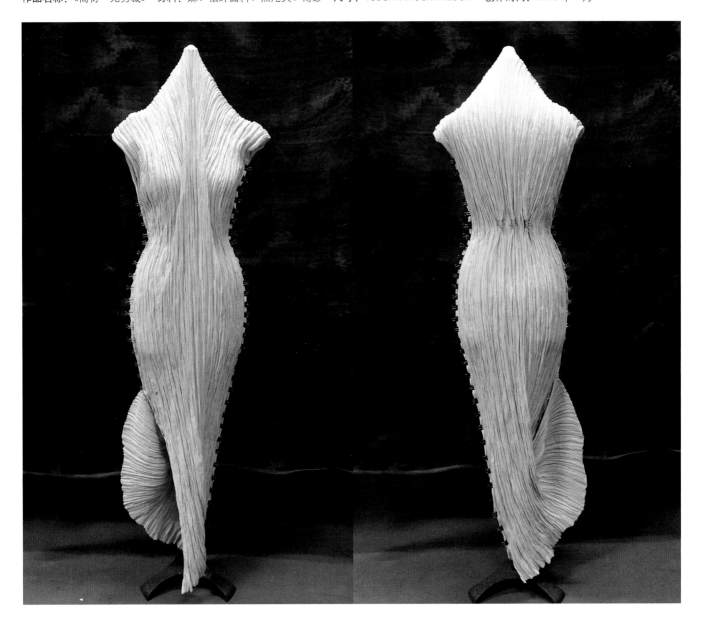

作品名称：茧设计　材料：柞蚕茧、细棉纱、薄纱　尺寸：60cm×120cm×28cm　创作时间：2015 年 12 月

姓名：臧迎春　詹凯

国籍：中国

简历：清华大学美术学院染织服装艺术设计系副教授、国际合作与交流办公室主任、英国伯明翰城市大学博士生导师、香港理工大学博士导师组成员、香港设计学院国际学术委员会委员、英国布莱顿大学研究员、英国东伦敦大学研究教授、英国皇家艺术学院客座教授 (2006 年)、英国中央圣马丁艺术与设计学院 (英国伦敦艺术大学) 时尚研究员。出版《从重装到轻装》、《中西方连体式女装造型比较》、《中国传统服饰文化》、《中国少数民族服饰》、《Luxuriant Garments with Grace》、《华服风度》等；发表《从紧身胸衣到三寸金莲》等论文 90 余篇。主持与意大利阿玛尼公司合作的 "国际时装和纺织品设计教育研究" 项目；主持与英国帝亚吉欧公司合作的国际研究项目 "度——久衡艺术"；主持与英国皇家艺术学院合作的国际研究项目 "老龄化设计研究"；主持中国武装警察部队礼服设计等 20 余项科研课题。

作品名称：《神居何所》系列　材料：羊绒、混合材料　尺寸：H132cm×W100cm　工艺：提花印花拼贴　创作时间：2016 年

作品名称：《昆仑悬圃》系列　材料：混合材料　尺寸：H120cm×W90cm　工艺：印花拼贴　创作时间：2016 年

姓名：张宝华
国籍：中国

简历：清华大学美术学院染织服装艺术设计系副主任、副教授、硕士生导师。1990 年毕业于中央工艺美术学院染织艺术设计专业，获学士学位，2003 年毕业于香港理工大学纺织品及服装设计专业，获硕士学位。任中华全国工商业联合会纺织服装业商会专家委员会委员、中国室内装饰协会陈设艺术专业委员会副主任（2014-2016 年）、中国家用纺织品行业协会家纺艺术文化专业委员会委员、中国流行色协会色彩教育委员会委员、NCS(Natural Color System) 中国地区特约色彩专家。

作品名称：《竹韵》 材料：麻与化纤交织面料 尺寸：W148cm×H145cm
工艺：烂花、手工印花、手工染色 创作时间：2013 年

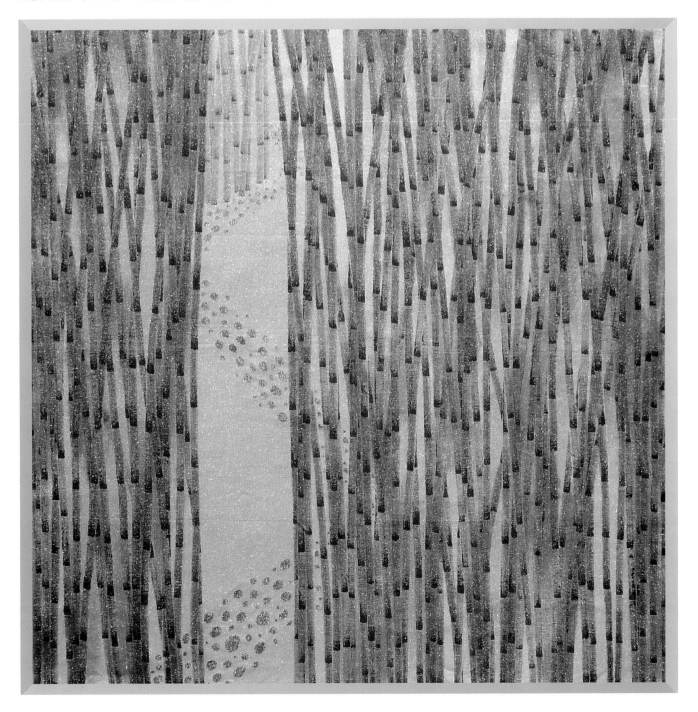

作品名称：《丝路之旅》
材料：100% 桑蚕丝
尺寸：90cm×90cm
工艺：手工台板丝网印
创作时间：2003 年

作品名称：《金玉满堂》
材料：100% 桑蚕丝
尺寸：90cm×90cm
工艺：手工台板丝网印
创作时间：2016 年

姓名：张红娟
国籍：中国

简历：清华大学美术学院染织服装艺术设计系讲师，博士。研究方向：中国室内纺织文化、传统染织工艺及设计研究。从业至今，共发表专业论文、文章 20 余篇，设计作品多次在国内外设计大赛中获奖，艺术作品参加国内外重要展览 20 余次，如第十届亚洲纤维艺术展、国际植物染艺术大展、世界生态纤维艺术展、国际刺绣艺术大展、首届南通国际当代工艺美术双年展、中国国际纤维艺术展等等。

作品名称：《晨与夕》　**材料：**羊毛、真丝绡　**尺寸：**H180cm×W90cm（每幅）　**工艺：**擀毡、刺绣　**创作时间：**2014 年 3 月

作品名称:《绽放》
材料:羊毛
尺寸:60cm×60cm
工艺:植物染、立体绣
创作时间:2012年3月

作品名称:《冥》 材料:羊毛、真丝绡、玻璃 尺寸:210cm×110cm 工艺:擀毡、珠绣 创作时间:2015年3月

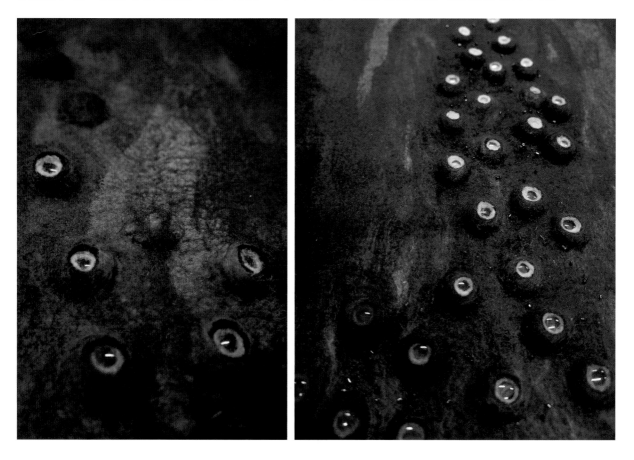

姓名：张树新
国籍：中国

简历：清华大学美术学院染织系副教授、硕士生导师，北京工艺美术学会理事，中国工艺美术学会纤维艺术专业委员会理事，主要从事传统染织艺术研究、染织艺术设计与应用研究，其作品多次参加国内外重要展览。

作品名称：《故乡》　材料：羊毛　尺寸：W100cm×H175cm

作品名称:《画影》
材料:羊毛
尺寸:W100cm×H100cm

作品名称:《回首》
材料:羊毛
尺寸:W100cm×H180cm

姓名：朱小珊
国籍：中国

简历：1985 年毕业于中央工艺美术学院染织系，同年于中央工艺美术学院染织系任教，现为清华大学美术学院染织服装系副教授。致力于女装结构设计研究，教授的主要课程为女装结构基础课。

作品名称：《忆·唐》　材料：真丝绡、毛毡　工艺：戳绣　创作时间：2013 年

姓名：陈敏
国籍：中国

简历： 2015 年获天津美术学院染织设计专业学士学位，同年 8 月开始就读于清华大学美术学院染织服装艺术设计系。

作品名称：《印记》系列二　**材料：**棉麻　**尺寸：**W75cm×H104cm　**工艺：**编织　**创作时间：**2015 年

作品名称：《印记》系列一　《印记》系列二　材料：棉麻　尺寸：W75cm×H104cm　工艺：编织　创作时间：2015 年

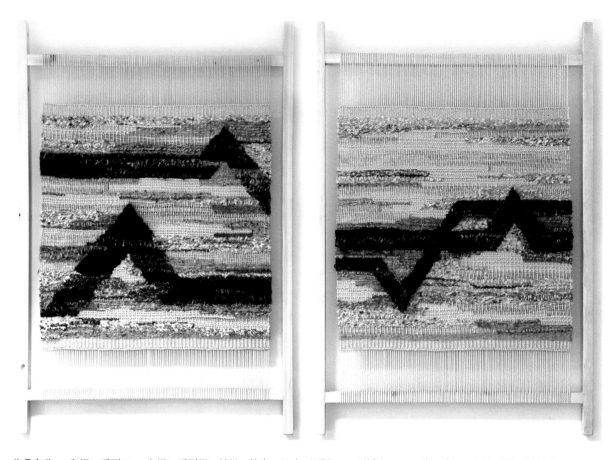

作品名称：《印记》系列三　《印记》系列四　材料：棉麻　尺寸：W75cm×H104cm　工艺：编织　创作时间：2015 年

姓名：邓晓珍
国籍：中国

简历：毕业于清华大学美术学院染织服装艺术设计系，主要研究方向为室内纺织品整体配套设计，现任教于北京服装学院艺术设计学院纺织品艺术设计专业。

作品名称：《花落有声》　**材料：**桑蚕丝、羊毛等　**尺寸：**W80cm×H200cm　**工艺：**刺绣

作品名称： 室内流行纺织品设计　　**材料：** 桑蚕丝　　**尺寸：** W80cm×H200cm　　**工艺：** 激光切割、刺绣

作品名称：《悠·游》　　**材料：** 桑蚕丝、羊毛　　**尺寸：** W80cm×H80cm　　**工艺：** 羊毛毡

姓名：高雅洁
国籍：中国

简历：2014 年获得清华大学美术学院染织服装系学士学位，现为清华大学美术学院染织服装系在读研究生。

作品名称：《精密空间》系列 1　**材料：**羊毛、各类纱线、塑料　**尺寸：**L25cm×H10cm
工艺：针毡、编织、高温溶解　**创作时间：**2015 年

作品名称：《精密空间》系列　材料：羊毛、各类纱线、塑料　尺寸：L25cm×H10cm
工艺：针毡、编织、高温溶解　创作时间：2015 年

姓名：梁之茵
国籍：中国

简历：2011 年　考入清华大学美术学院染织艺术设计专业
　　　　2015 年　免试推荐清华大学美术学院硕士研究生

作品名称：《新生》　**材料：**纤维　**尺寸：**W150cm×H210cm　**工艺：**编织　**创作时间：**2015 年 6 月

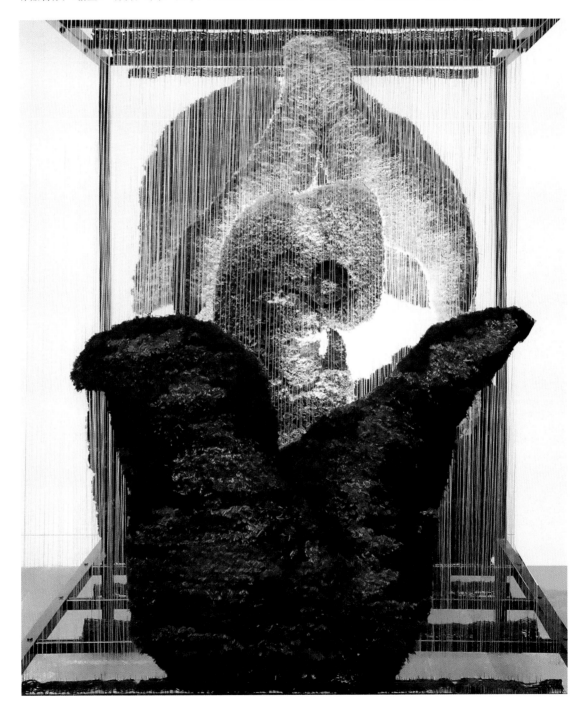

作品名称：《新生》（细节照片）

姓名：刘亚
国籍：中国

简历：清华大学美术学院染织服装艺术设计系本科，设计学硕士。曾获 2015 年国际纹样创意设计大赛（ICPDC）"最佳创意概念奖"、2014 年"从洛桑到北京"第八届国际纤维艺术展优秀奖、2014 年"传承与创新"第十四届全国纺织品设计大赛金奖、2014 年"海宁家纺杯"中国国际家用纺织品创意设计大赛金奖。

作品名称：《红楼·沁芳》　**材料：**真丝　**尺寸：**W60cm×H120cm
工艺：植物染色、丝网印刷　**创作时间：**2014 年

作品名称：《红楼·沁芳》（细节照片）

作品名称：《上善若水》　**材料：**真丝　**尺寸：**W100cm×H300cm　**工艺：**植物染色、扎染　**创作时间：**2012 年

姓名：吕璐
国籍：中国

简历：清华大学美术学院染织服装艺术设计系硕士研究生
2014 年　J&M 时尚鞋履设计大赛二等奖
2014 年　清华大学综合一等奖学金
2013 年　清华大学优良毕业生
2013 年　哥本哈根皮草新锐皮草设计师
2013 年　本科毕业设计作品入选《时尚芭莎》(09/2013)
2012 年　清华大学综合二等奖学金

作品名称：《高地颂歌》　材料：太空棉、棉氨纶、真丝绸　工艺：数码印花　创作时间：2014 年 11 月

Color　I choose these colors from the dress of lighlanders, Polish paper-cut, paintings, handicrafts, flowers, I hope to use colors to show the temperament of Poland to some extent.
I also read popular trends of color for reference.

Pattern

During working process, I tried many ways to make different effect, and I attempt to find an appropriate way to combine the flower color, shape and cutouts.

作品名称：《高地颂歌》

姓名：罗楠
国籍：中国

简历：本科就读于清华大学美术学院染织艺术设计专业，2013年保送本专业研究生，现为染织艺术设计专业研究生。

作品名称：《海与砂》　材料：毛线、雪纺等　尺寸：3m×3m×2m　创作时间：2013年6月

作品名称：芙洛拉的秘密花园地毯画稿　材料：水粉　尺寸：30cm×40cm　创作时间：2012 年

作品名称：芙洛拉的秘密花园地毯画稿　材料：水粉　尺寸：30cm×40cm　创作时间：2012 年

姓名： 任晟萱
国籍： 中国

简历： 清华大学美术学院染织服装艺术设计系硕士研究生。
2010 年　作品《风彝情》获彝族刺绣创意设计银奖
2011 年　作品《和弦》获 2011 年张骞杯国际家用纺织品设计大赛创意设计组银奖
2011 年　作品《天空之城》获 2011 年张骞杯国际家用纺织品设计大赛创意设计组金奖
2013 年　作品《云起如意》获"紫禁城杯"故宫文化产品创意设计大赛金奖（皇锦）
2015 年　作品《留香》获"中国领带名城"杯第十一届全国丝品花型设计大赛二等奖
2015 年　作品《祥狮献瑞》获"中国领带名城"杯第十一届全国丝品花型设计大赛优秀奖

作品名称：《脂粉红缘》　**材料：** 毛呢、涤纶弹丝、棉麻　**尺寸：** W300cm×H150cm　**工艺：** 编织、钩花　**创作时间：** 2012 年

作品名称：《祥狮献瑞》丝巾
材料：丝绸
尺寸：W90cm×H90cm
工艺：数码喷绘
创作时间：2011 年

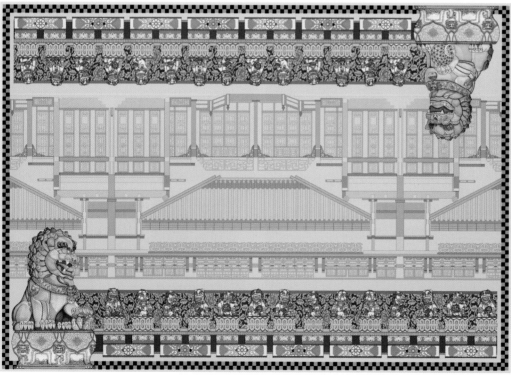

作品名称：《祥狮献瑞》披肩
材料：丝绸
尺寸：W200cm×H140cm
工艺：数码喷绘
创作时间：2015 年

姓名： 沈飞
国籍： 中国

简历： 本科与硕士均毕业于清华大学美术学院染织服装艺术设计专业，现为在读博士研究生，研究方向：中西方服饰文化比较研究。2006 年至今为北京服装学院服装艺术与工程学院教师。

作品名称：《千里江山》　**材料：** 真丝　**尺寸：** 150cm×50cm　**工艺：** 数码印、手工刺绣　**创作时间：** 2015 年

作品名称：《雪域光环》 材料：真丝 尺寸：50cm×50cm 工艺：手绘 创作时间：2002 年

作品名称：《天地人》 材料：真丝 尺寸：250cm×50cm 工艺：数码印、拼布 创作时间：2003 年

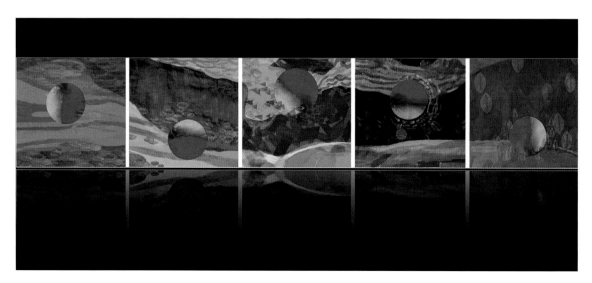

姓名：田顺
国籍：中国

简历：本科、硕士毕业于清华大学美术学院染织服装系，后从教于西安美术学院服装系。
2012 年 9 月开始攻读清华大学美术学院染织服装系博士学位。

作品名称：《天人和》　材料：桑蚕丝　尺寸：120cm×300cm　工艺：综合工艺　创作时间：2014 年

作品名称：《晨午夜三部曲》　材料：桑蚕丝　尺寸：360cm×200cm　工艺：综合工艺　创作时间：2009 年

姓名： 王丽
国籍： 中国

简历： 毕业于清华大学美术学院，获文学硕士学位。现任教于北京服装学院服装艺术与工程学院服装设计专业，专业方向为纤维与时尚，兼任 TRANSTREND 时尚趋势研究与设计中心研究员、设计师。2008 年北京奥运会中国体育代表团服装系列设计主创。近几年发布了"方圆盛 - 华彩意象"、"撷蓝唱晚"、"龙吟龙韵"、"Nocturne"、"茶花"等中国概念服装系列。

作品名称：《花果》系列服装设计　　**材料：** 丝绸

姓名：王霞
国籍：中国

简历：2015 年 1 月毕业于清华大学美术学院，获博士学位。现任教于苏州大学艺术学院染织系。

作品名称：《自然物语》系列 1　材料：麻　尺寸：90cm×50cm　工艺：植物染

作品名称：《自然物语》系列 2　材料：麻　尺寸：90cm×50cm　工艺：植物染

姓名：温兆阳
国籍：中国

简历：清华大学美术学院硕士。作品《木质的温暖》获首届"华兴杯"中国羽绒制品时尚设计大赛金奖（2010年），作品《骑士的自由》获第十四届"真皮标志杯"中国国际皮革、裘皮服装设计师大赛银奖（2011年），作品《公共隐私》入围中国第十二届全国美术作品展览——艺术设计展（2014年）。

作品名称：《公共隐私》　**材料：**真丝绡、聚酯纤维、棉　**工艺：**数码印花　**创作时间：**2014年7月

姓名：吴越齐
国籍：中国

简历：2005 年　毕业于清华大学美术学院染织服装艺术设计系染织专业，获学士学位
2009 年　毕业于清华大学美术学院染织服装艺术设计系染织专业，获硕士学位
2013 年至今　清华大学美术学院染织服装艺术设计系染织专业博士研究生
2009 年至今　任广州美术学院工业设计学院（原设计学院）教师

作品名称：素染品牌研发——植物染系列之茶染　材料：丝棉、丝线　尺寸：W80cm×H180cm
工艺：红茶染，广绣　创作时间：2013 年

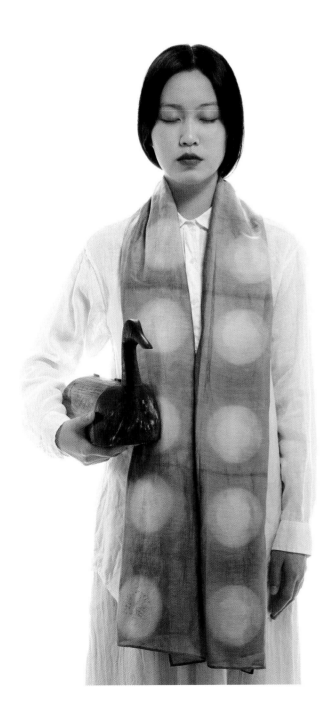

作品名称：素染品牌研发——植物染系列之红花染　材料：丝棉、丝线
尺寸：W80cm×H180cm　工艺：红茶染，广绣　创作时间：2013 年

作品名称：《暖霞织锦》（广州白天鹅宾馆四楼墙面纤维作品）
材料：绡、真丝绣线
尺寸：W240cm×H240cm
工艺：手工染色

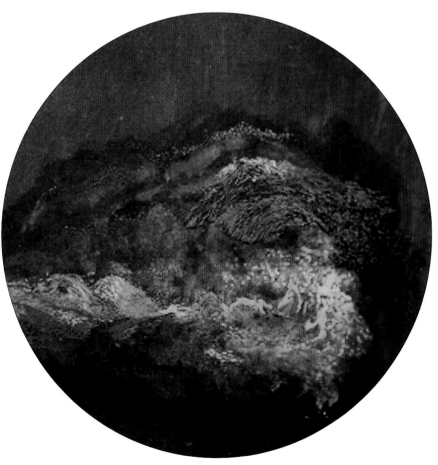

作品名称：《赤墨香云》
材料：棉、丝线
尺寸：W60cm×H60cm
工艺：薯莨染、刺绣

姓名：张笑醒
国籍：中国

简历：2013 年　毕业于清华大学美术学院染织艺术设计本科
　　　2013 年至今　清华大学美术学院染织艺术设计专业硕士研究生
　　　2014 年　国际刺绣艺术设计大展，作品《化纱》
　　　2013 年　国际织纹艺术设计大展——传承与创新，作品《岩》

作品名称：《线与纱》　材料：真丝绡、纱线　尺寸：20cm×15cm

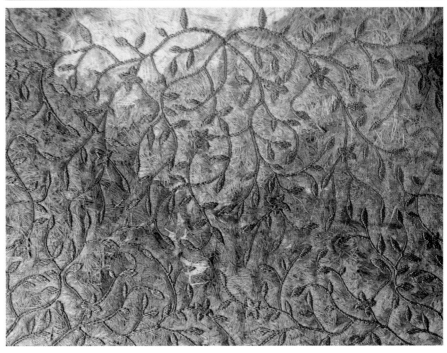

作品名称：《野菊》
材料：真丝绡、纱线、珠子
尺寸：35cm×50cm

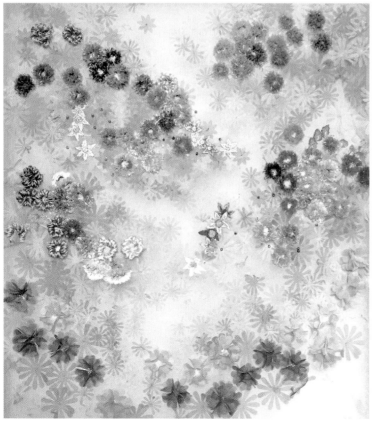

姓名：赵雪园
国籍：中国

简历：清华美院染织专业硕士研究生，研究方向为印染艺术。2015年3月，方巾作品《考古学家》获全国纺织品设计大赛优秀奖；2015年8月，作品《丛林之旅》荣获中国国际纺织品创意设计大赛银奖；2015年10月，作品《引秋》荣获第五届"鲁绣杯"中国大学生家用纺织品创意设计大赛银奖。

作品名称：《折枝》1　材料：蜂蜡、石蜡、棉布、毛笔、蜡刀、直接染料等　尺寸：60cm×75cm
工艺：蜡染　创作时间：2015年12月

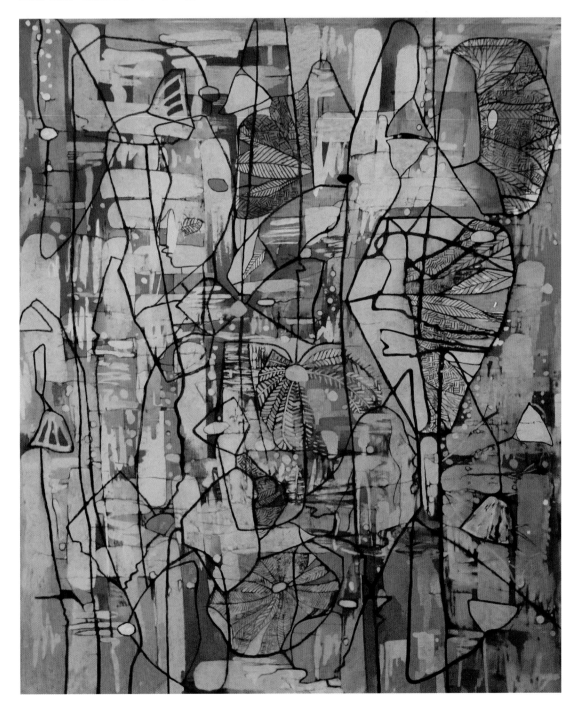

作品名称：《折枝》2　材料：蜂蜡、石蜡、棉布、毛笔、蜡刀、直接染料等　尺寸：100cm×105cm
工艺：蜡染　创作时间：2015 年 12 月

染织服装艺术设计
TEXTILE & FASHION DESIGN

清华大学美术学院染织服装艺术设计系建系 60 周年师生作品展——回顾与展望

60TH ANNIVERSARY FACULTY & ALUMNI EXHIBITION, DEPARTMENT OF TEXTILE & FASHION DESIGN, ACADEMY OF ARTS & DESIGN, TSINGHUA UNIVERSITY—REVIEW AND PROSPECT

2016 年第十六届全国纺织品设计大赛暨国际理论研讨会
16TH CHINA TEXTILE DESIGN COMPETITION & INTERNATIONAL CONFERENCE 2016

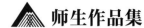 师生作品集

WORKS COLLECTION OF FACULTY & ALUMNI

主办单位：	清华大学艺术与科学研究中心
联合举办：	清华大学美术学院
	清华大学开云（Kering）艺术教育基金
	中国家用纺织品行业协会
	中国纺织服装教育学会
	中国流行色协会
	中国工艺美术协会
承办单位：	清华大学美术学院染织服装艺术设计系
组 委 会：	全国纺织品设计大赛暨国际理论研讨会组委会成员（按姓氏笔画排序）

王　利　天津美术学院　教授

王庆珍　鲁迅美术学院　教授

田　青　清华大学美术学院　教授

朱尽晖　西安美术学院　教授

朱医乐　天津美术学院　副教授

李加林　浙江理工大学　教授

肖文陵　清华大学美术学院　教授

吴一源　鲁迅美术学院　教授

吴　波　清华大学美术学院　副教授

吴海燕　中国美术学院　教授

余　强　四川美术学院　教授

张　莉　西安美术学院　教授

张　毅　江南大学纺织服装学院　教授

张宝华　清华大学美术学院　副教授

张树新　清华大学美术学院　副教授

庞　绮　北京服装学院　教授

郑晓红　中国人民大学　副教授

龚建培　南京艺术学院　教授

贾京生　清华大学美术学院　教授

霍　康　广州美术学院　教授

《染织服装艺术设计 清华大学美术学院染织服装艺术设计系建系 60 周年师生作品展——回顾与展望 2016 年第十六届全国纺织品设计大赛暨国际理论研讨会 师生作品集》作者单位：

清华大学美术学院

《染织服装艺术设计 清华大学美术学院染织服装艺术设计系建系 60 周年师生作品展——回顾与展望 2016 年第十六届全国纺织品设计大赛暨国际理论研讨会 论文集》作者单位：

清华大学美术学院

山东工艺美术学院

苏州大学艺术学院

鲁迅美术学院

天津美术学院

浙江理工大学

清华大学深圳研究生院

湖南工艺美术职业学院

内江师范学院

北京服装学院

广州美术学院

中国人民大学

深圳大学设计艺术学院

首都师范大学美术学院

中国传媒大学艺术研究院

北京工业大学艺术设计学院

（排名不分先后）

活动内容与时间：

染织服装艺术设计系建系 60 周年师生作品展——回顾与展望：2016 年 4 月 11 日—4 月 18 日
国际理论研讨会：2016 年 4 月 11 日—4 月 12 日
纺织设计作品展：2016 年 4 月 11 日—4 月 18 日

地　　点： 清华大学美术学院

赞助单位： 清华大学美术学院
　　　　　　清华大学开云（Kering）艺术教育基金
　　　　　　中国建筑工业出版社

标识设计： 田旭桐

顾　　问： 田　青

策　　划： 肖文陵　张宝华

策　　展： 杨冬江　张宝华

清华大学艺术与科学研究中心

2016 年第十六届全国纺织品设计大赛暨国际理论研讨会组委会

中国家用纺织品行业协会

中国纺织服装教育学会

中国工艺美术协会

中国流行色协会

清华大学美术学院染织服装艺术设计系

2016 年 4 月